BEI GRIN MACHT SICH IHR
WISSEN BEZAHLT

Bibliografische Information der Deutschen Nationalbibliothek:

Die Deutsche Bibliothek verzeichnet diese Publikation in der Deutschen National-
bibliografie; detaillierte bibliografische Daten sind im Internet über http://dnb.d-
nb.de/ abrufbar.

Impressum:

Copyright © 2017 GRIN Verlag
Druck und Bindung: Books on Demand GmbH, Norderstedt Germany
ISBN: 9783668876163

Dieses Buch bei GRIN:

https://www.grin.com/document/458755

Jannis Schmeing

Exponentialfunktionen in den Naturwissenschaften

Wie exakt beschreiben unsere mathematischen Modelle natürliche Vorgänge wirklich? Und warum finden wir überhaupt so viele mathematische Bezüge in der Natur wieder?

GRIN Verlag

GRIN - Your knowledge has value

Der GRIN Verlag publiziert seit 1998 wissenschaftliche Arbeiten von Studenten, Hochschullehrern und anderen Akademikern als eBook und gedrucktes Buch. Die Verlagswebsite www.grin.com ist die ideale Plattform zur Veröffentlichung von Hausarbeiten, Abschlussarbeiten, wissenschaftlichen Aufsätzen, Dissertationen und Fachbüchern.

Besuchen Sie uns im Internet:

http://www.grin.com/

http://www.facebook.com/grincom

http://www.twitter.com/grin_com

Fach: Mathematik

Schule: Bischöfliches St.Josef-Gymnasium

Schuljahr: 2016/2017

Eingereicht am: 24.02.2017

Exponentialfunktionen in den Naturwissenschaften

Wie exakt beschreiben unsere mathematischen Modelle natürliche Vorgänge

wirklich? Und warum finden wir überhaupt so viele mathematische Bezüge in der

Natur wieder?

Jannis Schmeing

Inhaltsverzeichnis

1   Einleitung

Das Mathematik uns im Alltag ständig begegnet dürfte schon jedem Kind aufgefallen sein. Häufig sind es einfachste Dinge wie zum Beispiel die Verzinsung des Guthabens auf einem Konto oder aber das Berechnen von Rabatten beim Schlussverkauf eines Modegeschäftes, die uns immer wieder mit Teilbereichen der Mathematik konfrontieren. In dieser Facharbeit soll es aber nicht um Zinseszins oder Prozentrechnung und auch nicht um die mathematischen Vorgänge in einem Computer oder Handy gehen, sondern vielmehr soll es um mathematische Anwendungen in der Natur und den damit verbundenen Naturwissenschaften gehen. Ein besonderes Augenmerk soll hierbei auf Exponentialfunktionen und auf damit eng verwandten Modellen liegen.

Viele Vorgänge in der Natur werden durch Exponentialfunktionen modelliert. Ob bei der Barometrischen Höhenformel, beim Wachstum einer Bakterienkultur oder aber bei der Radiokarbonmethode, immer können hier vorliegende Fragen durch Exponentialfunktionen geklärt werden. Doch wer sagt denn, dass sich die Natur, die sonst immer als wild und unberechenbar bezeichnet wird, so einfach durch ein mathematisches Modell beschreiben lässt? Kann es nicht möglicherweise sein, dass wir uns von den einfachen Berechnungen durch Exponentialfunktionen verabschieden und unsere Modelle überarbeiten müssen? Um diese umfangreichen Fragen ansatzweisen beantworten zu können werde ich im ersten Teil dieser Facharbeit als Beispiel die Radiokarbonmethode erklären und untersuchen, ob deren Modellierung durch eine Exponentialfunktion überhaupt sinnvoll ist und genaue Ergebnisse liefert.

In einem zweiten Teil werde ich mich dem Goldenen Schnitt und den Fibonacci-Zahlen zuwenden, die beide in einem engen Zusammenhang mit Exponentialfunktionen stehen, und anhand zweier Beispiele erläutern wo und warum in der Natur außerdem Mathematik angewandt wird.

Die nun folgende Facharbeit soll einige mathematische Anwendungen in der Natur anschaulich darstellen und erläutern und darüber hinaus für die Frage sensibilisieren, ob all diese Modelle wirklich korrekt sind und die Vorgänge in der Natur exakt wiedergeben können.

2 Was sind Exponentialfunktionen?

Exponentialfunktionen sind grundsätzlich Funktionen der Form $f(x)=b^x$. Das heißt, dass bei Exponentialfunktionen immer eine Basis (hier b) zugrunde liegt und der Exponent die Variable (hier x) darstellt. Typische Anwendungen von Exponentialfunktionen sind zum Beispiel die prozentuale Ab- oder Zunahme eines Wertes, wie bei der Verzinsung von Guthaben, oder aber das Wachstum einer Bakterienkultur durch Zellteilung. Hier verdoppelt sich die Anzahl der Bakterien unter optimalen Bedingungen immer wieder nach einer gewissen Zeit.

2.1 Grundlegende Eigenschaften der Exponentialfunktion

Wie schon erwähnt besitzen Exponentialfunktionen grundsätzlich immer eine Basis und einen Exponenten, der die Variable darstellt. Um aber zum Beispiel verschiedene Wachstumsvorgänge modellieren zu können werden weitere Parameter benötigt.

So wird aus $f(x)=b^x$ zum Beispiel $f(x)=a*b^x$.

Der Parameter a wird häufig als Streckungsfaktor bezeichnet, denn:

$|a|>1 \Rightarrow$ Streckung des Graphen

$0<|a|<1 \Rightarrow$ Stauchung des Graphen

Wenn a negativ ist, wird der Graph zusätzlich an der x-Achse gespiegelt.

Für den Wertebereich W von Exponentialfunktionen gilt:

Wenn a>0, dann $W=]0;\infty[$

$a<0 \Rightarrow W=]-\infty;0[$

Somit haben Exponentialfunktionen keine Nullstellen. Sie nähern sich asymptotisch der x-Achse an.

2.1.1 Verschiebung von Exponentialfunktionen

Verschiebung in x-Richtung:

Durch den Parameter c in $f(x)=a*b^{x+c}$ wird eine Verschiebung in x-Richtung erreicht.

$c>0 \Rightarrow$ Verschiebung nach links

$c<0 \Rightarrow$ Verschiebung nach rechts

Der Wertebereich verändert sich durch diese Verschiebung nicht.

Verschiebung in y-Richtung:

Indem man d als weiterer Parameter addiert wird der Graph in y-Richtung verschoben. Man erhält so die Funktionsgleichung $f(x)=a*b^{x+c}+d$.

$d>0 \Rightarrow$ Verschiebung nach oben

$d<0 \Rightarrow$ Verschiebung nach unten

Der Wertebereich verändert sich somit zu $W=]d;\infty[$ und im Falle einer Verschiebung nach unten kommt eine Nullstelle hinzu.

3 Die Radiokarbonmethode

Ein wichtiges Anwendungsgebiet von Exponentialfunktionen ist die Radiokarbonmethode (auch C14-Methode oder Radiokarbondatierung genannt). Sie bezeichnet eine Berechnung des Alters von (vor allem) organischen Materialien mit Hilfe des radioaktiven Kohlenstoffisotops ^{14}C, beziehungsweise dessen Verhältnisses zwischen der Konzentration in der Luft und der Konzentration in dem organischen Präparat. So können Proben mit einem Alter von bis zu 60.000 Jahren (s. Quelle 1) sehr genau datiert werden.

3.1 Grundlagen

3.1.1 Das Kohlenstoffisotop ^{14}C

Neben dem „normalen" Kohlenstoff, das Isotop ^{12}C, gibt es unter anderem auch das Isotop ^{14}C (in dieser Facharbeit der Einfachheit halber meist als „C14" bezeichnet), welches für die Radiokarbonmethode wichtig ist.

C14 wird in der Atmosphäre durch Kernreaktionen ständig neu gebildet und, da es nicht stabil ist, zerfällt es nach einer gewissen Zeit wieder zu ^{14}N. Zwischen Bildung und Zerfall stellt sich ein Fließgleichgewicht ein.

Wenn zum Beispiel Pflanzen nun C14 in Form von Kohlenstoffdioxid aufnehmen, beginnt die „Uhr" zu „ticken". Jetzt ist das C14 aus dem Kreislauf (Neubildung & Zerfall) entfernt und wenn die Pflanze dann letztendlich abstirbt nimmt die Konzentration im Organismus nur noch nach dem Zerfallsprinzip ab, da ja der Stoffwechsel der Pflanze beendet ist und so kein neues C14 mehr aufgenommen werden kann. Selbstverständlich verteilt sich C14 sehr weit in der Nahrungskette, da zum Beispiel Tiere die Pflanzen mit C14 fressen. (s. Quelle 1)

3.1.2 Der radioaktive Zerfall

Radioaktive Nuklide (sehr häufig Isotope von verschiedensten Stoffen, sowie C14) zerfallen unter Abgabe von Strahlung spontan zu einem anderen Stoff. Dieser Zerfall findet exponentiell statt, sodass sich nach einer bestimmten Zeit, der Halbwertszeit, die von Nuklid zu Nuklid unterschiedlich ist, die Menge des Materials halbiert.

Bei dem Kohlenstoffisotop C14 beträgt die Halbwertszeit 5730 ± 40 Jahre (s. Quelle 2).

3.1.3 Allgemeine Formel zur Berechnung des Alters mit Hilfe der Radiokarbonmethode

Da es sich beim radioaktiven Zerfall um einen exponentiell ablaufenden Vorgang handelt kann zunächst die allgemeine Exponentialfunktion angenommen werden:

$f(x) = a * b^{x+c} + d$

Weil hier eine Abnahme vorliegt, muss das Vorzeichen des Exponenten negativ sein. Außerdem entfallen die Parameter c und d:

$f(x) = a * b^{-x}$

B(0) (Verhältnis von ^{14}C zu ^{12}C zum Todeszeitpunkt des Lebewesens) beschreibt den Streckungsfaktor und da sich die Anzahl der C14-Atome immer wieder halbiert, muss b durch 2 ersetzt werden (2 anstatt 0,5, da der Exponent negativ ist).

$f(x) = B(0) * 2^{-x}$

Der Exponent ist in diesem Fall t/T1/2. T1/2 ist die Halbwertszeit des Stoffes und t beschreibt die Zeit in Jahren. Und da f(x) das Verhältnis von

^{14}C zu ^{12}C in der Probe zum heutigen Zeitpunkt beschreibt, wird geschrieben:

$$B(t)=B(0)*2^{-t/T1/2}$$

Da bei der Radiokarbonmethode t gesucht ist, muss die Gleichung dementsprechend umgestellt werden. Es ergibt sich:

$$t=[-T1/2*\ln(B(t)/B(0))]/\ln(2)$$

3.2 Rechnung am Beispiel Ötzis

Die Gletschermumie Ötzi wurde 1991 in Südtirol im Schmelzwasser eines Gletschers entdeckt. Eine Gewebeuntersuchung ergab einen C14-Anteil von etwa $0,53*10^{-10}$ % (s. Quelle 3). Doch wie alt ist Ötzi wirklich?

Gegeben:

$B(0)\approx10^{-10}$ % $=10^{-12}$

$B(t)\approx0,53*10^{-10}$ %$=0,53*10^{-12}$

T1/2=5730 a

Gesucht:

t=?

$t=[-T1/2*\ln(B(t)/B(0))]/\ln(2)$ |einsetzen

$t=[-5730*\ln(0,53*10^{-12}/10^{-12})]/\ln(2)$

t=5248,31 [a]

Ötzi ist somit knapp 5250 Jahre alt.

3.3 Analyse der Radiokarbonmethode

Wie bei jedem wissenschaftlichen Modell gibt es auch bei der Radiokarbonmethode zahlreiche Kritikpunkte, die zum großen Teil deutlich über einfache Messfehler hinausgehen. Im Folgenden werde ich die geläufigsten Kritiken erläutern.

3.3.1 Wo könnten mögliche Fehlerquellen liegen?

Zum einen kann es während der Untersuchung der Probe zu Messfehlern bei der Bestimmung des noch vorhandenen C14 kommen. Dies kann natürlich durch menschliche Fehler passieren, doch durch mehrmaliges Wiederholen der Untersuchung der Probe können entstehende Ungenauigkeiten minimiert werden.

Andererseits können Messfehler auch durch eine Verunreinigung der Probe hervorgerufen werden. So könnte zum Beispiel nach dem Tod eines Organismus weiterer Kohlenstoff und so auch C14 in die Probe gelangen. Dies würde die Probe deutlich jünger erscheinen lassen als sie in Wirklichkeit ist. Genauso könnte auch bereits sehr alter Kohlenstoff von den Lebewesen aufgenommen werden und dann das eigentliche Alter sehr viel höher erscheinen lassen. Dies passiert vor allem bei Meerespflanzen und Meerestieren durch den Reservoir-Effekt, bei dem gelöster Kalkstein aus alten Ablagerungen tief im Ozean aufgenommen wird (s. Quelle 4).

Außerdem unterliegt der C14-Gehalt in der Atmosphäre zeitlichen Schwankungen, die auf die Sonnenaktivität oder auch auf Schwankungen im Kohlenstoffkreislauf zurückzuführen sind. Aber auch durch menschliche Aktivitäten wie Atomwaffentests und den sogenannten Suess-Effekt (→ 3.3.1.1) stieg der C14-Gehalt in der Atmosphäre an.

3.3.1.1 Der Suess-Effekt

"„Der Suess-Effekt [...] beschreibt den Einfluss der Industrialisierung auf den ^{14}C-Gehalt in der Atmosphäre. Mit Beginn der Industrialisierung vor ca. 150 Jahren wurden vermehrt fossile Brennstoffe wie Erdöl und Kohle verwendet. Diese Stoffe enthalten kein nachweisbares ^{14}C mehr, da sie wesentlich älter als ca. 10 Halbwertszeiten (ca. 60.000 Jahre) sind. Dadurch kann ein zu großes Alter der untersuchten Probe vorgetäuscht werden, denn bei der Verbrennung der fossilen Brennstoffe werden nur ^{12}C und ^{13}C (nicht radioaktiv) frei und verdünnen die Menge des radioaktiven ^{14}C in der Atmosphäre. Durch die Verdünnung des ^{14}C in der Atmosphäre kommt es zu einem verringerten Ausgangswert des ^{14}C in den Organismen, welcher bei der Bestimmung des ^{14}C-Alters berücksichtigt werden muss."

(s. Quelle 5)

3.3.2 Der radioaktive Zerfall selbst als Fehlerquelle?

Da der radioaktive Zerfall kein von Menschen „programmierter" Vorgang ist, sondern natürlicherweise in unserer Umgebung vorkommt, sollte auch dieser und vor allem dessen Modellierung durch eine Exponentialfunktion hinterfragt werden. Möglicherweise ist der Zerfall von C14 viel komplexer und kann gar nicht so einfach durch eine mathematische Funktion beschrieben werden.

Hierzu ein Beispiel:

Die folgende Grafik, die mit Hilfe einer Ionisationskammer erstellt wurde, zeigt als Beispiel den Zerfall von radioaktiven Radon (^{220}Rn). Hierbei wurde der Strom gemessen, der während des Zerfalls entsteht, und von einem Messschreiber über einen Zeitraum von etwa 220 Sekunden aufgezeichnet.

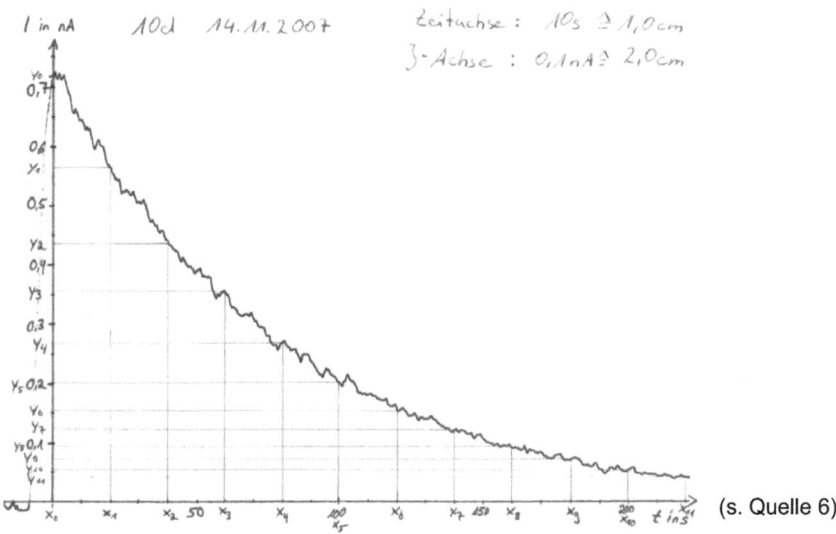

(s. Quelle 6)

Entgegen der Erwartungen fällt auf, dass es sich bei dem Graphen gar nicht um eine perfekte Exponentialfunktion handelt. Man erkennt zwar, dass es sich bei einem gedachten Ausgleichsgraphen um eine Exponentialfunktion handeln muss, aber dennoch lassen die häufigen Schwankungen darauf schließen, dass der radioaktive Zerfall gar nicht so exakt exponentiell verläuft wie zunächst angenommen.

Wenn man nun zum Beispiel alle 20 Sekunden einen Wert nimmt und immer den Faktor zum nächsten Wert nach weiteren 20 Sekunden berechnet, erhält man folgende Ergebnisse:

t in s	I in nA	Faktor q
0	0,72	
20	0,565	0,78472222
40	0,435	0,7699115
60	0,355	0,81609195
80	0,2675	0,75352113
100	0,2025	0,75700935
120	0,155	0,7654321
140	0,12	0,77419355
160	0,095	0,79166667
180	0,0725	0,76315789
200	0,0525	0,72413793
220	0,04	0,76190476
	Durchschnitt:	0,76924991

Beispiel:

$0,565/0,72=0,78472222$

Maximale Abweichung vom Mittelwert:

$|0,76924991-0,81609195|$

$=0,04684204 \triangleq 6,089\%$

Man sieht nun, dass die Faktoren von einem zum nächsten Wert um bis zu 0,04684204 nA schwanken. Die maximale Abweichung vom Mittelwert liegt bei dieser Auswertung somit bei etwa 6,089 %.

3.3.3 Bedeutung für die Radiokarbonmethode

Genauso wie bei Rn220 gibt es auch bei C14 Schwankungen während des Zerfalls. Demnach sähe der Graph für den Zerfall von C14 sehr ähnlich aus wie der obige. Doch auch wenn die prozentualen Schwankungen geringer oder aber auch größer ausfallen können lässt sich mit Sicherheit sagen, dass schon der radioaktive Zerfall selbst das Ergebnis der Radiokarbonmethode verfälscht.

4 Die Fibonacci-Zahlenfolge und der Goldene Schnitt in Biologie und Chemie

Nun zu einem weiteren Anwendungsgebiet von mathematischen Modellen in den Naturwissenschaften Biologie und Chemie: Die Fibonacci-Zahlenfolge und der Goldene Schnitt. Wie diese zusammenhängen, was das Thema Exponentialfunktionen damit zu tun hat und vor allem wo und warum die Fibonacci-Folge und der Goldene Schnitt in der Natur vorkommen möchte ich in diesem zweiten Teil der Facharbeit erläutern.

4.1 Der Goldene Schnitt

Der Goldene Schnitt beschreibt das Teilungsverhältnis zum Beispiel einer Strecke, bei dem das Verhältnis der ganzen Strecke zu dem größeren Teil genauso groß ist, wie das Verhältnis des größeren Teils zum kleineren Teil der Strecke.

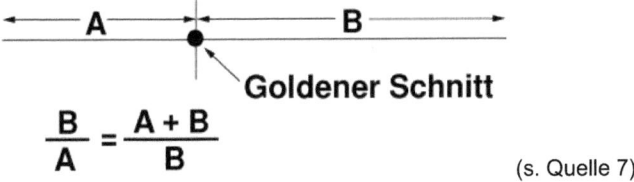

$$\frac{B}{A} = \frac{A+B}{B}$$

(s. Quelle 7)

Das Teilungsverhältnis ist immer exakt $(1+\sqrt{5})/2$ also ungefähr 1,61803. Diese Zahl wird auch Goldene Zahl genannt und als mathematisches Symbol durch ϕ (phi) abgekürzt. ϕ ist eine irrationale Zahl.

4.1.1 Der Goldene Winkel bei Pflanzen

Nach demselben Prinzip lässt sich auch der Vollwinkel eines Kreises teilen:

$2\pi/\phi \approx 3,88 \approx 222,5°$

In der Regel wird jedoch die Ergänzung zum Vollwinkel von 137,5° als Goldener Winkel bezeichnet.

Bei vielen Pflanzen wachsen aufeinanderfolgende Blätter am Stängel immer um ziemlich exakt 137,5° versetzet. Genauso verhält es sich auch bei Blatt- und Blütenknospen. Doch warum ist das so?

Durch den Versatz von 137,5° wird erreicht, dass die Überlappung durch weitere, höher liegende Blätter, minimal ist. Das führt dazu, dass die Sonneneinstrahlung und somit auch die Fotosyntheseleistung maximal sind.

4.2 Die Fibonacci-Zahlenfolge

Die Fibonacci-Folge ist eine unendliche Zahlenfolge. Sie beginnt mit 0 und 1 und jede weitere Zahl ergibt sich aus der Addition der beiden vorausgegangenen Zahlen. Die Fibonacci-Folge lässt sich also folgendermaßen definieren:

$F_0=0$; $F_1=1$ und $F_{n+1}=F_n+F_{n-1}$

Die ersten Zahlen dieser Folge lauten: 0;1;1;2;3;5;8;13;21;34;55;89;144 …

4.2.1 Zusammenhang mit dem Goldenen Schnitt und Exponentialfunktionen

Man kann jetzt immer die größere Zahl durch die vorrausgegangene Zahl teilen. Hier einige Beispiele:

8/5=1,6

34/21≈1,61905

89/55≈1,61818

Oder auch 9.227.465 und 5.702.887, welche auch Teil der Fibonacci-Folge sind (s. Quelle 8):

9227465/5702887≈1,61803

Es fällt auf, dass man immer annähernd ϕ (≈1,61803), also die Goldene Zahl, erhält. Und zwar gilt: Je größer die Fibonacci-Zahlen sind desto genauer trifft der Faktor die Goldene Zahl.

Jetzt wird auch der Bezug zu Exponentialfunktionen deutlich, denn man kann jede beliebige Fibonacci-Zahl mit Hilfe einer Exponentialfunktion mit der Basis $(1+\sqrt{5})/2$ berechnen. Die Funktionsgleichung wird auch „Formel von Binet" genannt und lautet:

$$F_n = \frac{1}{\sqrt{5}} \left[\left(\frac{1+\sqrt{5}}{2} \right)^n - \left(\frac{1-\sqrt{5}}{2} \right)^n \right].$$ (s. Quelle 9)

4.2.2 Die Vielfalt ungesättigter Fettsäuren und die Fibonacci-Zahlenfolge

Ungesättigte Fettsäuren sind Fettsäuren deren Kohlenwasserstoffketten eine oder mehrere Doppelbindungen aufweisen. Die Doppelbindungen können jedoch an verschiedenen Stellen der Kette vorliegen, sodass es ungesättigte Fettsäuren mit gleicher Kettenlänge, aber unterschiedlicher Struktur gibt.

Wissenschaftler der Universität Jena haben herausgefunden, dass die Anzahl verschiedener Strukturen bei gleicher Kettenlänge den Fibonacci-Zahlen folgt, sodass, wenn die Kette um ein Kohlenstoffatom verlängert wird, die Anzahl der möglichen Strukturen etwa um den Faktor 1,61803 ansteigt. (s. Quelle 10)

15

Bei einer Kettenlänge von 1 oder 2 Kohlenstoffatomen ist nur eine Struktur möglich, bei 5 Kohlenstoffatomen schon 5 verschiedene Strukturen und bei 9 Kohlenstoffatomen sind sogar 34 verschiedene Strukturen möglich:

$F(9)=1/\sqrt{5}*[((1+\sqrt{5})/2)^9-((1-\sqrt{5})/2)^9]=34$

Schnell werden die Grenzen des Modells deutlich:

Bei verzweigten Fettsäuren funktioniert die Berechnung mit der Formel von Binet zum Beispiel nicht, weil die Doppelbindungen, die an einem Abzweig liegen durch die Formel von Binet nicht erfasst werden können. Ein weiteres Problem ist die Unendlichkeit der Fibonacci-Zahlenfolge: Da die Anzahl an ungesättigten Fettsäuren in der Natur sehr groß, aber eben nicht unendlich ist, muss der Definitionsbereich entsprechend eingegrenzt werden und somit ist nicht jede Fibonacci-Zahl Teil des Modells.

5   Zusammenfassung

Rückblickend auf die Leitfrage, in wie weit unsere mathematischen Modellierungen auf die Realität zutreffend sind, lässt sich nun sagen, dass Modell und Wirklichkeit nicht immer exakt übereinstimmen. Komplexe Vorgänge wie der radioaktive Zerfall lassen sich einfach nicht immer hundertprozentig durch eine Funktionsgleichung beschreiben und das bedeutet, dass auch wissenschaftliche Modelle, wie hier anhand der Radiokarbonmethode gezeigt, nicht immer exakte Ergebnisse liefern.

Ob dies jedoch auf alle oder doch nur auf bestimmte Modelle zutrifft kann allerdings auch nach dieser Facharbeit nicht mit Sicherheit gesagt werden. Vor allem die Tatsache das viele Pflanzen ihre Blätter, Knospen und auch Früchte nach einem mathematischen Prinzip ausbilden, lässt daran zweifeln, dass die Natur in keinem Fall durch Mathematik beschrieben werden kann. Anscheinend gibt es Fälle in der Natur bei denen Mathematik zum Alltag gehört.

Ist die Radiokarbonmethode also nur eine Ausnahme oder ist es tatsächlich der Regelfall, dass unsere Berechnungen bei natürlichen Vorgängen nicht stimmen? Wie lassen sich Radiokarbonmethode und weitere, potentiell fehlerhafte, Modelle so verbessern, dass sie genau mit der Realität übereinstimmt? Und wie schaffen es Pflanzen überhaupt ihre Blätter genau im Goldenen Winkel zueinander auszubilden? Können sie etwa „rechnen"?

Die Beantwortung dieser und sicherlich vieler, weiterer Fragen hätte den Rahmen dieser Facharbeit jedoch leider weit gesprengt und wäre darüber hinaus in viele andere Themenbereiche vorgedrungen.

6   Literaturverzeichnis

1) Pickover, Clifford A. (Übersetzung: Ursula Fethke, Helmut Reuter, Ute Conin): Das Physikbuch: Vom Big Bang zur Quantenauferstehung, 250 Meilensteine in der Geschichte der Physik. S. 406-407. Librero. Kerkdriel, Niederlande 2015.

2) Chemie.de, Lexikon, Radiokohlenstoffdatierung:

   http://www.chemie.de/lexikon/Radiokohlenstoffdatierung.html

3) Jagemann-net.de, Biologie, Bio 13, Evolution, Radiokarbonmethode, unter „Die Messmethode":

   http://www.jagemann-net.de/biologie/bio13/evolution/C-14/c14.php

4) Chemie.de, Lexikon, Radiokohlenstoffdatierung, Standardfehler und Messgenauigkeit:

   http://www.chemie.de/lexikon/Radiokohlenstoffdatierung.html#Standardfehler_und_Messgenauigkeit

5) Wikipedia, Radiokarbonmethode, Suess-Effekt:

   https://de.wikipedia.org/wiki/Radiokarbonmethode#Suess-Effekt

6) Physikunterricht, Bischöfliches St. Josef-Gymnasium

7) Elmar-baumann.de, Fotografie, Goldener Schnitt, Grafik:

   http://www.elmar-baumann.de/fotografie/bgtutorial/goldener-schnitt.html

8) Ijon.de, Mathe, Fibonacci:

   http://www.ijon.de/mathe/fibonacci/

9) Ijon.de, Mathe, Fibonacci, Formel von Binet:

   http://www.ijon.de/mathe/fibonacci/node2.html#0002300

10) Informationsdienst Wissenschaft, Pressemitteilung 27.01.2017, Vielfalt natürlicher Fettsäuren folgt dem „Goldenen Schnitt":

   https://idw-online.de/de/news667050

BEI GRIN MACHT SICH IHR WISSEN BEZAHLT

- Wir veröffentlichen Ihre Hausarbeit,
  Bachelor- und Masterarbeit

- Ihr eigenes eBook und Buch -
  weltweit in allen wichtigen Shops

- Verdienen Sie an jedem Verkauf

Jetzt bei www.GRIN.com hochladen
und kostenlos publizieren